垃圾分类
100问

《垃圾分类100问》编委会　编

山东城市出版传媒集团·济南出版社

图书在版编目(CIP)数据

垃圾分类100问 /《垃圾分类100问》编委会编.
— 济南：济南出版社，2020.1(2022.12重印)
ISBN 978-7-5488-3885-2

Ⅰ. ①垃… Ⅱ. ①垃… Ⅲ. ①垃圾处理-问题解答
Ⅳ. ①X705-44

中国版本图书馆CIP数据核字(2019)第230951号

出 版 人 崔 刚
责任编辑 韩宝娟 姜海静
装帧设计 刘 畅 李 丽
出版发行 济南出版社
地　　址 济南市二环南路1号
印　　刷 济南乾丰云印刷科技有限公司
版　　次 2020年1月第1版
印　　次 2022年12月第7次印刷
成品尺寸 150 mm × 230 mm 16开
印　　张 5.5
字　　数 90千
定　　价 29.80元

目 录

一　垃圾的产生

1 什么是垃圾?

人类居住在地球上，每天都在消耗着各种物资，同时，也在不停地产生各种垃圾。简单来说，垃圾就是我们认为没有用而扔掉的东西，因此，任何东西都有可能成为垃圾。例如旧电视机、泡沫塑料、鱼骨头、废纸、玻璃瓶、旧衣服等。

2 垃圾主要有哪几类?

我们周围许多地方都有垃圾。垃圾按照成分、属性、利用价值、对环境的影响程度等，主要分为生活垃圾、工业垃圾和建筑垃圾等。

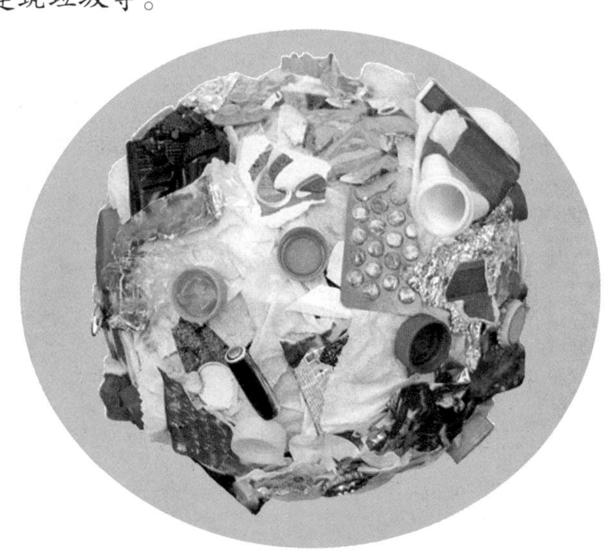

3 每天大约产生多少垃圾?

一般情况下，每人每天平均产生约1千克垃圾，全国近14亿人口，一天大约产生140万吨垃圾。

假设一辆运输车能装5吨垃圾，需要约28万车次才能运完全国一天产生的垃圾。

4 什么是生活垃圾?

在日常生活中，或者为日常生活提供服务的活动中产生的固体废物，以及法律、行政法规规定视为生活垃圾的固体废物。

5 生活垃圾的产生与哪些因素有关?

生活垃圾的产生主要与人口、经济发展水平、居民收入和消费结构、燃料结构、城市市政管理水平等因素有关。

（1）人口数量越多，垃圾产生量越多。

（2）在经济快速发展的时期，生活垃圾的产量也会大幅增加；发展到一定时期后，增长速度会逐渐放慢。

（3）居民收入不断增加，人民的生活水平不断提高，也会导致垃圾量大幅增加。

（4）生活垃圾和燃料结构、地理位置的关系成正比。例如：北方取暖期长，燃料以煤为主，垃圾产生量就高于南方。

（5）城市市政管理水平的提高以及公民环保意识的增强会逐步提高垃圾的回收率，从而减少垃圾处置量。

垃圾的危害

1 垃圾的危害有哪些?

（1）侵占地表。处理垃圾最简单的办法就是找一块空地露天堆放或填埋，但这需要占用大量的土地资源。许多城市在郊区设置的垃圾堆放场侵占了大量土地。因为许多垃圾不易自然分解，处理过程又非常复杂困难，还破坏了填埋地的生态平衡，所以其带来的危害日益突出。可以说，垃圾正在严重威胁人类的生活和生存环境。

（2）污染空气。在运输、堆放和处理垃圾的过程中，其中的有机物会分解释放出大量的氨、硫化物等有毒有害的气体，粉尘和细小颗粒物会随风飞扬，致使空气中的硫化氢气体浓度和悬浮颗粒物等超标。焚烧垃圾对空气的污染不仅导致酸雨现象频频发生，还会危害人的健康。

（3）传播疾病。有些垃圾不但含有病原微生物，而且能为老鼠、蚊蝇等提供食物及栖息、繁殖的场所，是有害生物的巢穴，也是疾病传染源。

（4）侵蚀土壤。垃圾堆放过程中，大量塑料袋、废金属等物质被直接填埋或遗留在土壤中，难以降解，严重腐蚀土地，致使土质硬化、碱化，保水保肥能力下降，影响农作物质量，导致农作物减产甚至绝产。

（5）污染水源。如果将垃圾放置在河湖岸边或抛入水中，经水冲洗和浸泡后，垃圾中的大量有毒有害物质会进入地表水或地下水中，造成水体黑臭、浅层地下水不能使用、水质恶化。

我国60%的河流都存在氨氮、挥发酚、高锰酸盐污染，以及氟化物严重超标等问题，垃圾对水体的污染使其丧失自净功能，也影响了水生物繁殖和水资源利用。

（6）引发火灾。垃圾中含有大量可燃物，长期堆放会产生甲烷等可燃气体，容易引起火灾、垃圾爆炸等事故，造成重大损失。

（7）全球变暖。权威资料显示，生活垃圾是全球温室气体的七大产生源之一。当这些垃圾得不到及时处理时，会产生大量甲烷气体，它对温室效应的影响是二氧化碳的 25 倍。温室效应会导致全球变暖，使两极冰雪融化，海平面升高，很多极地动物会因此灭绝，有些国家还可能被海水淹没。

2 垃圾对我们的健康有哪些危害?

垃圾中的有毒气体随风飘散，会提高呼吸道疾病发病率，对人体产生致癌隐患；地下水污染物含量超标，会引发腹泻、血吸虫、沙眼等疾病。

三 了解垃圾分类

1 什么是生活垃圾分类?

生活垃圾分类是指按一定规定或标准将生活垃圾分类投放、分类收集和分类运输，并选择适宜而有针对性的方法对各类生活垃圾进行处理、处置或回收利用，以实现较好的综合效益。

2 生活垃圾分为几类?

目前我国常用的生活垃圾分类方法有三分法、四分法两种。三分法，即将生活垃圾分为可回收物、有害垃圾和易腐垃圾三类的方法。四分法，即将生活垃圾分为有害垃圾、厨余垃圾、可回收物和其他垃圾四类的方法。在不同地区，这四类垃圾也有不同的分类名称，比如厨余垃圾属于易腐垃圾，也称湿垃圾或有机垃圾；其他垃圾还被称为干垃圾或无机垃圾。

3 有害垃圾主要包括什么?

主要包括：废电池（镍镉电池、氧化汞电池、铅蓄电池等），废荧光灯管（日光灯管、节能灯等），废温度计，废血压计，废药品及其包装物，废油漆、溶剂及其包装物，废杀虫剂、消毒剂及其包装物，废胶片，废相纸等。

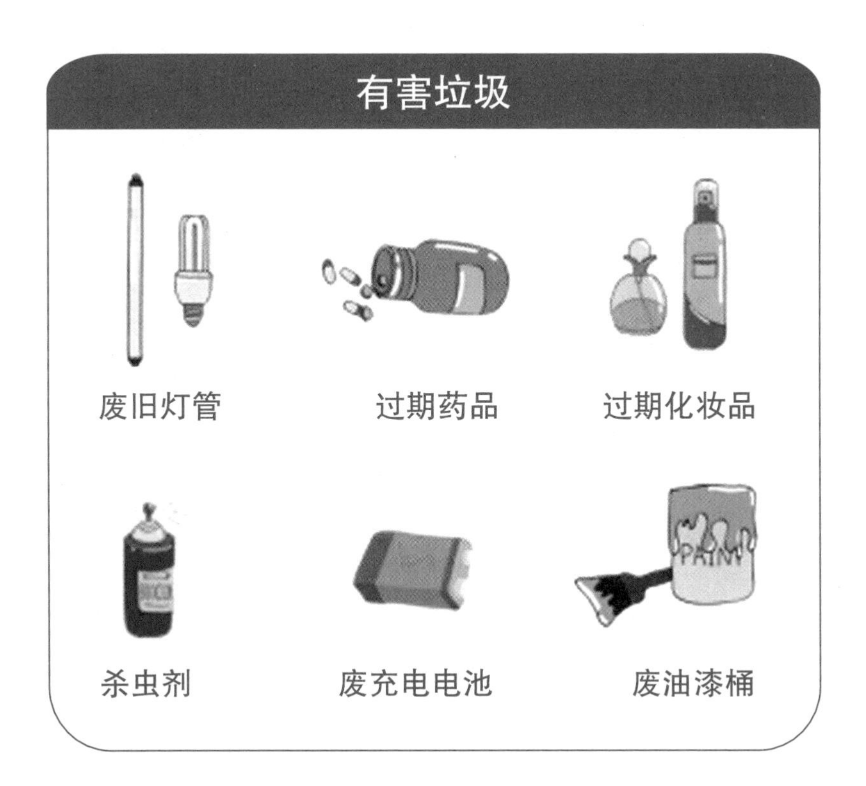

4 厨余垃圾主要包括什么?

主要包括：单位食堂、宾馆、饭店、家庭等产生的厨余垃圾，农贸市场、农产品批发市场产生的蔬菜瓜果垃圾、腐肉、肉碎骨、蛋壳、畜禽产品内脏等。

厨余垃圾

果皮果壳

菜梗菜叶

腐肉蛋壳

动物骨骼内脏

剩菜剩饭

5 可回收物主要包括什么?

主要包括：废纸、废塑料、废金属、废包装物、废旧纺织物、废玻璃、废纸塑铝复合包装等。

6 其他垃圾主要包括什么?

主要包括：除有害垃圾、厨余垃圾、可回收物以外的，可通过焚烧（或规范填埋）的方式处理的生活垃圾。

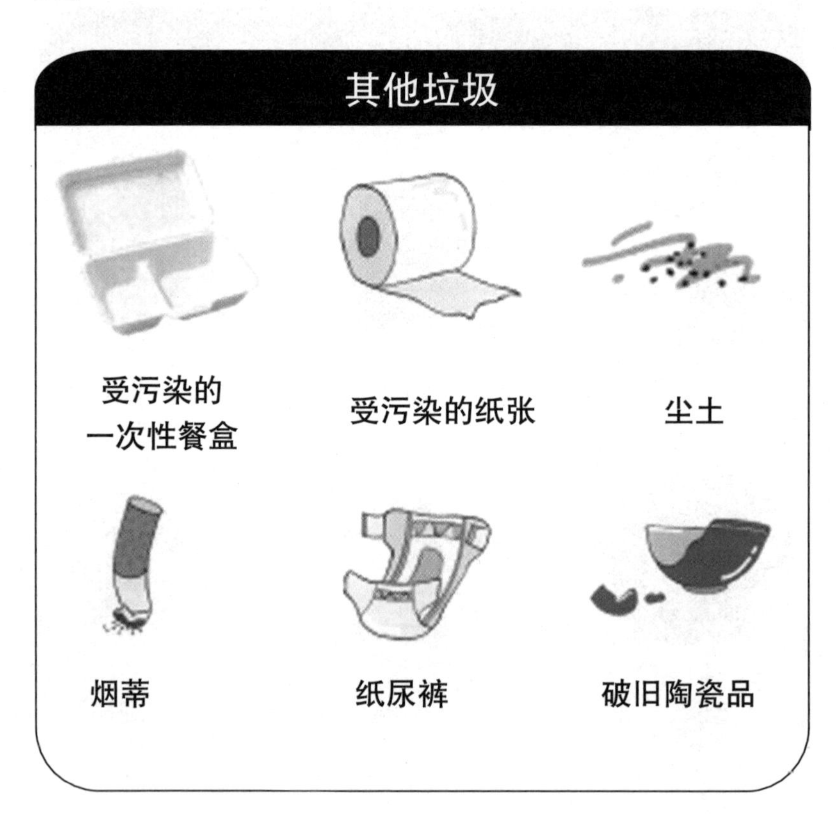

7 生活垃圾中有哪些属于强制分类范围?

有害垃圾属于强制分类范围。

8 生活垃圾分类的基本原则是什么?

科学标准原则，因地制宜原则，强制分类原则，以人为本原则，鼓励参与原则。

9 建筑垃圾属于生活垃圾吗?

不属于。

10 家具、家电等属于生活垃圾吗?

不属于。像家具、家电等体积较大、整体性强、需要拆分再处理的废弃物品称为大件垃圾。

11 大件垃圾如何收运和处置?

请拨打当地保洁公司预约电话，由保洁公司上门收运。大件垃圾交由环卫部门后，由专业的资源循环企业进行拆解，对可循环利用的部分进行回收再利用，对重金属等有毒物质进行无害化处理。

垃圾分类的意义

1 垃圾对我国的经济发展有哪些影响?

据调查，全国70%的垃圾存在着利用价值，如果全部回收利用，每年可获利约160亿元，这对经济发展和增加就业岗位极为有利。反之，则会造成巨大的资源浪费，导致资源紧张和生态失调局面日趋加重，阻碍经济的顺利发展。

2 为什么要进行垃圾分类?

垃圾分类是对垃圾进行处置前的重要环节，通过分类既可减少环境污染、提高垃圾资源利用水平，又可减少垃圾处置量。

可回收物
Recyclable

有害垃圾
Hazardous Waste

厨余垃圾
Food Waste

其他垃圾
Residual Waste

3 垃圾分类的意义是什么?

垃圾分类的意义就是将废弃物分流处理，利用现有生产制造能力，回收利用回收品，填埋处置暂时无法利用的无用垃圾。

4 垃圾分类有哪些好处?

（1）垃圾分类后，可回收物被回收利用，提高了垃圾的资源化利用率，减少垃圾处理量，降低处理成本，减少对土地资源的消耗。

（2）有害垃圾被分离出来，减少了垃圾中的重金属、污染物、致病菌的含量，有利于垃圾的无害化处理，降低垃圾处理过程中对水、土壤、大气的污染风险。因此，垃圾分类具有社会、经济、生态三方面的效益。

5 实施垃圾分类有何必要性?

随着社会经济的迅速发展和城市人口的高度集中，人们产生的垃圾数量正在逐步增加，我们居住的美丽家园正在被垃圾包围。垃圾分类是垃圾治理的重要途径，垃圾治理是关键小事，更是民生大事。

6 推行垃圾分类工作对社会产生了怎样的影响?

垃圾分类工作构建了政府主导、全面参与、市场化运行的机制，倡导了清洁、低碳、文明的生活方式，能够实现市民文明素质大发展、大飞跃，促进城市精神文明建设和生态环境建设。

7 推行垃圾分类工作对个人产生了怎样的影响?

垃圾分类能够使居民学会节约资源、利用资源，养成良好的生活习惯，关注环境保护问题，提高个人的素质素养。

8 推行垃圾分类工作给经济增长带来了怎样的影响?

循环经济是一种以资源的高效利用和循环利用为核心，符合可持续发展理念的经济增长模式。城市生活垃圾的分类处理已成为我国发展循环经济、实施可持续发展战略过程中一个必不可少的重要环节。

9 我国垃圾分类现状是怎样的?

2017年3月30日，国务院办公厅发布《关于转发国家发展改革委、住房城乡建设部生活垃圾分类制度实施方案的通知》（国办发〔2017〕26号），自此，中国拉开垃圾分类“二次革命”序幕。“强制性”和“制度化”成为此次垃圾分类制度推广的两大显著特征。不断完善、持续加强的垃圾分类顶层设计，也进一步表明了国家对垃圾分类工作的坚决态度：结果导向，做且要做好！

五 垃圾分类误区

1 大棒骨属于厨余垃圾吗?

不属于。大棒骨因为较难腐化，所以被归为其他垃圾。

2 卫生纸、纸巾可回收吗?

卫生纸、纸巾遇水即溶，不算可回收的纸张。

3 厨余垃圾可以装袋后投放吗?

不可以。常用的塑料袋即使是可以降解的，也远比厨余垃圾更难腐化。正确做法应该是将厨余垃圾倒入厨余垃圾桶，塑料袋扔进其他垃圾的垃圾桶中。

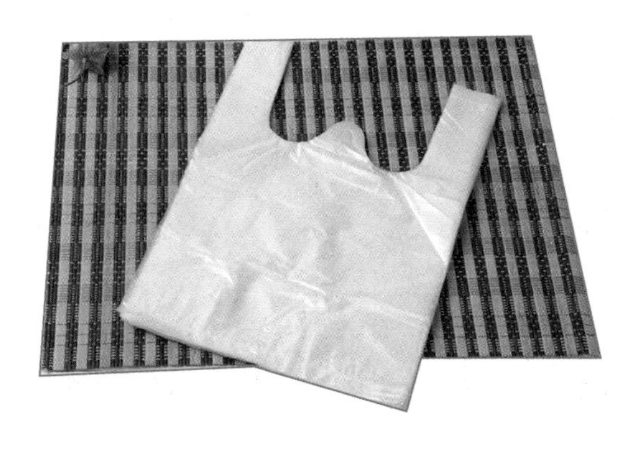

4 果壳属于其他垃圾吗?

人们日常生活产生的易腐烂的果壳瓜皮都属于厨余垃圾，不易粉碎和腐烂的属于其他垃圾。

5 啤酒瓶是其他垃圾吗?

不是。啤酒瓶能回收，属于可回收物。

6 废旧的塑料纽扣可以归为可回收物吗?

可以。除塑料袋外的塑料制品，比如泡沫塑料、塑料瓶、硬塑料、橡胶及橡胶制品，都属于可回收物。如果数量不大的话，纽扣也可以投在其他垃圾收集容器里。

7 速冻饺子、豆腐包装盒都是厨房里产生的垃圾，它们是厨余垃圾吗?

不是。一次性餐具、食品包装袋都属于其他垃圾。

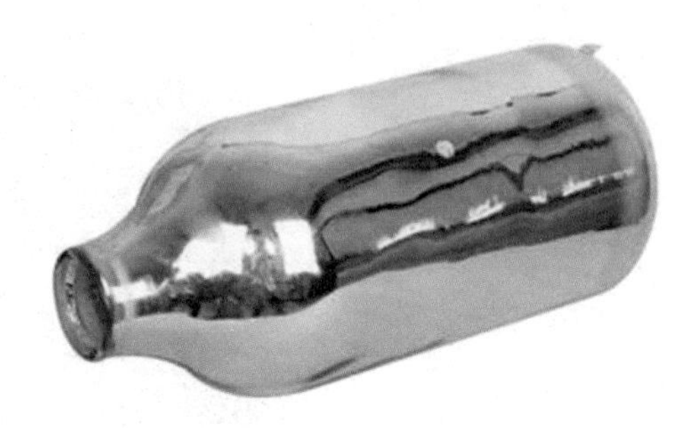

8 热水瓶胆和废旧灯管一样，属于有害垃圾吗?

不是。热水瓶胆本身是由两层玻璃组成的，玻璃之间的真空内侧镀有一层银，并没有毒性。

9 方便面桶是可回收物吗?

不是。因为纸桶内有聚乙烯（PE）涂层，不好分离，所以属于其他垃圾。

日常生活中的垃圾分类投放

1 垃圾分类投放的步骤是怎样的?

垃圾投放前，先要正确判断垃圾的种类。如果不知道如何判断，可以到垃圾桶旁查看提示牌，或者请教有经验的人。然后将不同种类的垃圾正确投放在相应的垃圾桶内。

2 有害垃圾投放的要求有哪些?

有害垃圾投放时，应注意轻放。其中，废旧灯管等易破损的有害垃圾应连带包装或包裹后投放；废弃药品应连带包装一并投放。在公共场所产生有害垃圾且未发现对应收集容器时，应将有害垃圾携带至设置有害垃圾收集容器的地点妥善投放。

3 厨余垃圾投放的要求有哪些?

居民和提供餐饮服务的单位或个人必须将厨余垃圾与其他垃圾分类投放。有塑料袋、餐盒等包装的厨余垃圾，投放时应将厨余垃圾沥干水分后投放至厨余垃圾收集容器，食品包装物分类投放到对应的可回收物或其他垃圾收集容器中；纯流质的食物垃圾应直接倒入下水口。

4 可回收物投放的要求有哪些?

鼓励居民直接将可回收物投入再生资源回收系统。如需分类投放，应尽量保持清洁干燥，避免污染，轻投轻放。

5 其他垃圾投放的要求有哪些?

除上述有害、厨余、可回收物以外的生活垃圾，以及成分复杂难以分辨类别的生活垃圾，应投入其他垃圾收集容器。

6 饮料和饮料包装怎样分类投放?

饮料包装丢弃前，要先将内容物中纯流质部分倒掉，果肉等非流质的部分要作为厨余垃圾丢弃。易拉罐包装、牛奶盒、玻璃罐、塑料瓶都是可回收物。

7 冲泡饮品残渣怎样分类投放?

像茶叶渣、中药渣、现磨咖啡剩余咖啡豆的残渣等都属于厨余垃圾。

8 调味品及其容器怎样分类投放?

过期或不用的辣酱、甜面酱等酱料，盐、味精、胡椒粉等调料都属于厨余垃圾；废弃的食用油属于纯流质的垃圾，应该直接倒入下水口。

盛调味品的玻璃瓶属于可回收物，应洗净后投入可回收物容器中；调味品的塑料包装属于其他垃圾。

9 水果怎样分类投放?

一般易腐烂的水果果肉、果皮、果核都属于厨余垃圾；像榴莲壳等特别坚硬的外壳，不易腐烂，也难粉碎，不适合堆肥处理，因此属于其他垃圾。

10 薄型塑料袋怎样分类投放?

薄型塑料袋循环利用的价值很低，而且使用后往往被污染，基本不再有循环利用的价值，因此属于其他垃圾。

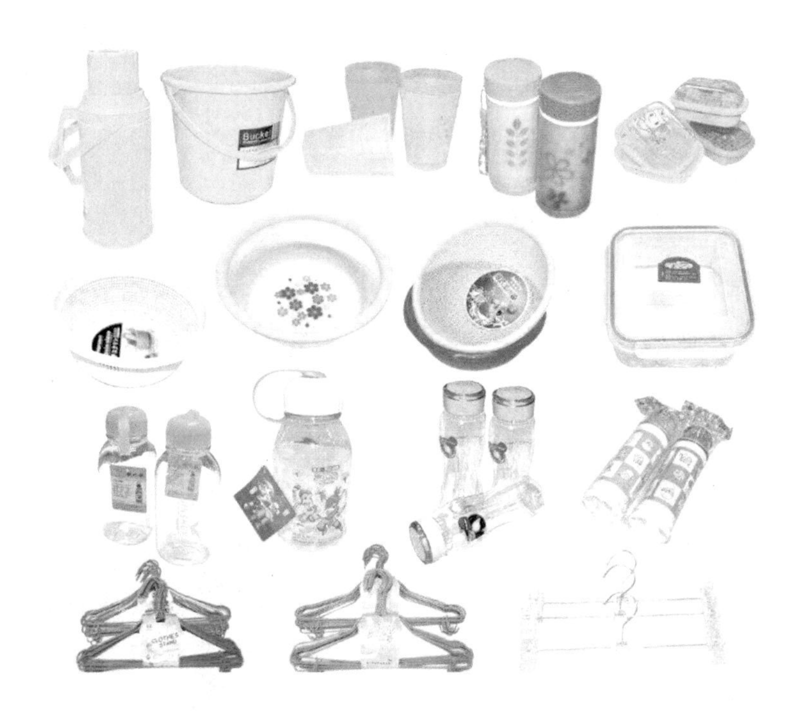

11 塑料制品怎样分类投放?

大多数塑料制品属于可回收物，能够成为再次利用的再生料。

12 CD、DVD、X光片等怎样分类投放?

CD、DVD、X光片以及磁带、录像带等的感光材料中含有有害成分，因此属于有害垃圾。

13 报废的热水瓶怎样分类投放?

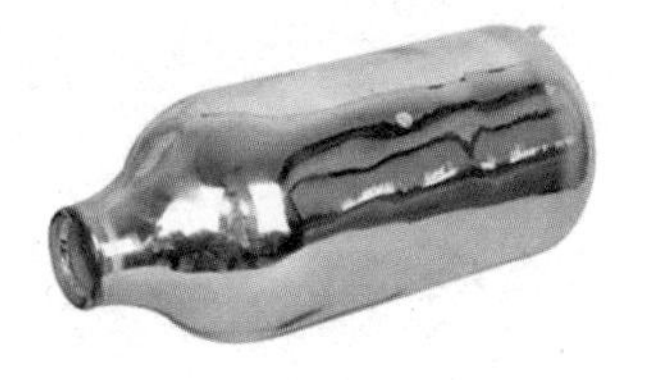

热水瓶内胆一般为金属制品或玻璃制品，属于可回收物；塑料外壳也属于可回收物。

14 旧玩具怎样分类投放?

废旧的塑料类玩具、毛绒玩具属于可回收物，废弃的轻质黏土、橡皮泥等属于其他垃圾。

15 破碎的陶瓷碗盆怎样分类投放?

破碎的陶瓷碗盆等基本不再有循环利用的价值，因此属于其他垃圾。

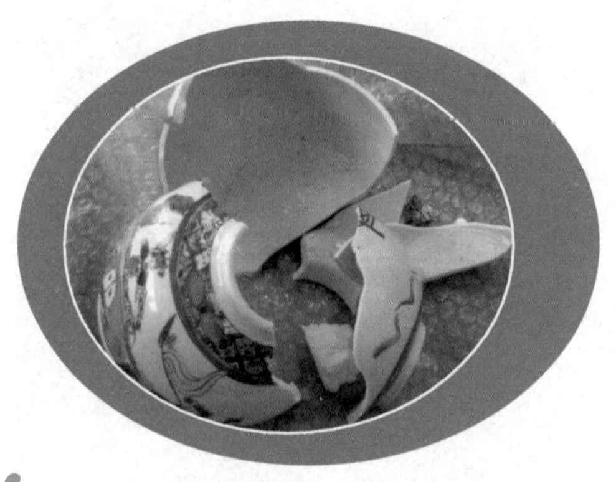

16 废弃的榨汁机、热水壶怎样分类投放?

榨汁机外壳一般是塑料或金属制品，电热水壶是非金属制品，都属于可回收物。

17 电子产品怎样分类投放?

手机、电脑等电子产品属于可回收物，需要经过专业拆解和处理才能再利用。

18 充电电池、蓄电池、纽扣电池怎样分类投放?

充电电池、蓄电池、纽扣电池处置不当会对环境造成严重污染，属于有害垃圾。

19 废弃的数据线怎样分类投放?

数据线中有具有回收价值的金属制品，因此，废弃的数据线属于可回收物。

20 电蚊香器等怎样分类投放?

电蚊香器的外壳一般是塑料做成的，有回收价值，属于可回收物；电蚊香片和电蚊香液都属于有害垃圾。

21 过期药品怎样分类投放?

过期药品属于有害垃圾，要连带包装容器一起投放到有害垃圾收集容器中，或者医院、药房的废旧药品回收箱中。药品外包装用的纸盒属于可回收物。

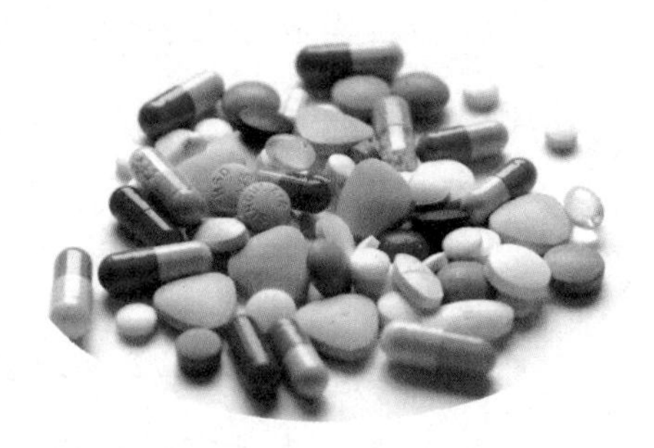

22 废弃的水银温度计怎样分类投放?

水银温度计如果破损，所含的汞会外泄，汞是挥发性重金属，毒性很大，会对人体和周围环境造成危害，因此，水银温度计属于有害垃圾。

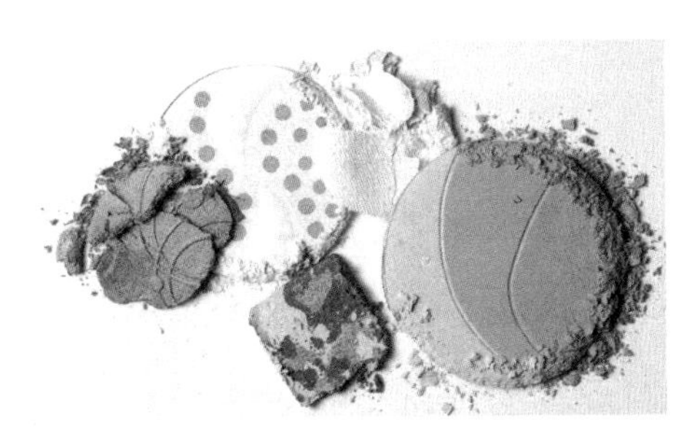

23 过期化妆品怎样分类投放？

化妆品一般成分复杂，过期的化妆品更有可能因为氧化等化学反应导致成分有所变化，因此，将其归为有害垃圾谨慎处理更合适；化妆品的包装瓶一般是塑料或玻璃制品，清洗干净后可以回收处理。

24 报纸、书本等怎样分类投放？

报纸、书本有极高的回收利用价值，属于可回收物，但是纸张如果被油污污染了就不利于资源再利用，应投放到其他垃圾收集容器中；使用过的厕纸等属于其他垃圾；湿纸巾因为不容易腐烂，所以也属于其他垃圾。

25 旧衣物怎样分类投放?

衣服、毛巾、棉被等都属于可回收物，回收后可以制成再生纤维，而再生纤维可以制成多种产品。

26 宠物垃圾怎样分类投放?

猫砂属于其他垃圾，丢弃时尽量保持比较干燥的状态；宠物粪便不应进入垃圾处理系统，而应进入粪便处理系统，因此，宠物在户外排下的粪便应带回家中，投入抽水马桶处理。

企业和单位的垃圾分类投放

1 淘汰的电脑怎样分类投放?

电脑外壳、内置的芯片等都有可回收价值，废弃的网线和数据线内一般有可回收的金属，但外层包裹的胶皮并不属于可回收物，因此建议预约专门的回收经营者进行回收，做专业处理。

机关单位等的废弃电器电子类产品，应严格按照国有资产管理的相关规定回收处置。

2 淘汰的办公桌、椅子怎样分类投放?

淘汰的办公桌、椅子属于大件垃圾，不与生活垃圾混合投放。

3 废纸怎样分类投放?

废纸有较高的回收利用价值，但被油污污染后不利于资源再利用，污损严重的纸张应投放到其他垃圾收集容器中。

4 铅笔、圆珠笔等怎样分类投放?

现在的铅笔是用石墨和黏土制造的，属于其他垃圾。圆珠笔木身循环利用的价值不高，归入其他垃圾更合适。

5 废弃的打印机硒鼓怎样分类投放?

使用过的硒鼓带有感光材料，因此属于有害垃圾。

6 废弃的收纳盒怎样分类投放?

如果收纳盒是塑料制品或纸制品，则都属于可回收物。

7 快递包装纸箱怎样分类投放?

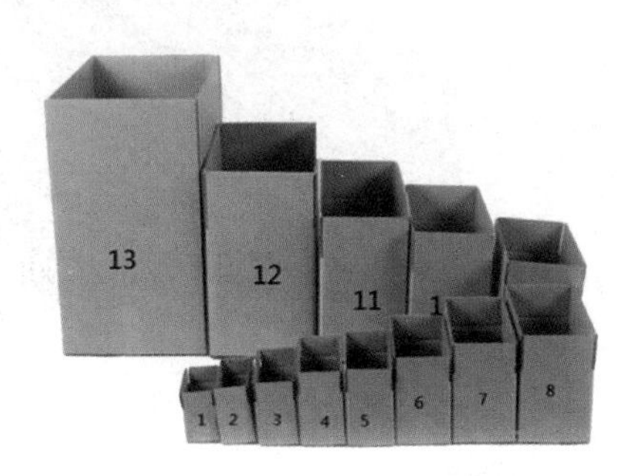

应先消除纸箱上的个人信息，然后拆掉胶带，将纸箱压扁后投放到可回收物收集容器，胶带投放到其他垃圾收集容器。

8 外卖餐盒怎样分类投放?

外卖餐盒大多是一次性的，塑料的品质不高，而且被污染后难以进行有效的资源化再利用，因此，应将餐盒中的流质食物倒入下水口、非流质食物投放至厨余垃圾收集容器后，再将餐盒投放至其他垃圾收集容器。

公共场所的垃圾分类投放

1 画画用的废弃颜料怎样分类投放?

水彩颜料、油画颜料、丙烯颜料等都属于其他垃圾，油漆颜料属于有害垃圾。

2 装咖啡、奶茶的纸杯怎样分类投放?

纸杯因为表面压了一层极薄的塑料膜，这层膜在后期处理时很难进行剥离，因此纸杯属于其他垃圾。

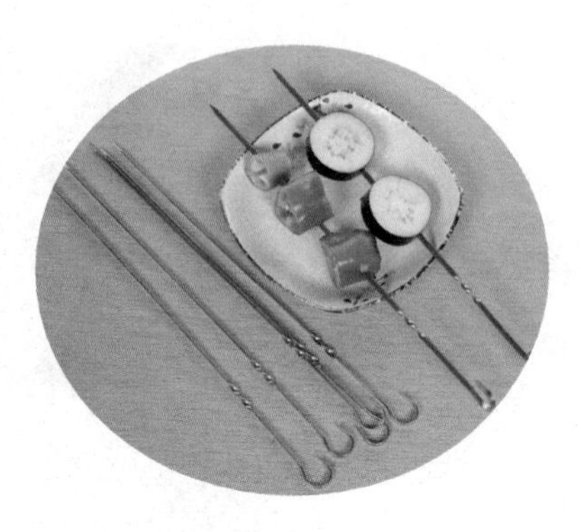

3 烤串的签子怎样分类投放?

签子应投放至其他垃圾收集容器，签子上残余的食物投入厨余垃圾收集容器。

4 在公共场所产生的果核、果皮怎样分类投放?

公共场所的垃圾收集装置一般只分可回收物和其他垃圾两种，因此，一旦在公共场所产生了厨余垃圾，应携带至有厨余垃圾投放容器的地方进行投放。

垃圾的运输和处置

1 有害垃圾怎样运输?

有害垃圾应定期由有害垃圾专用运输车分类转运至有害垃圾临时贮存点，并由行业主管部门委托具备相应资格的单位进行无害化处理。

2 厨余垃圾怎样运输?

厨余垃圾由专用运输车分类转运至指定的处理场（厂），转运过程中应保证无滴漏、无洒落。

3 可回收物怎样运输?

可回收物由再生资源回收公司预约上门收运。

4 其他垃圾怎样运输?

其他垃圾由环卫作业单位分类转运至指定的处理场（厂），转运过程中应保证无滴漏、无洒落。

5 我国垃圾处置的现状是怎样的?

目前，我国的垃圾处置仍然以填埋、堆肥和焚烧为主，其中填埋是我国最主要的垃圾处置方法。

6 我国垃圾处置目前存在的问题主要有哪些?

一是不能在源头上实现垃圾减量；二是垃圾混合收集增大了处理难度；三是废品回收量少；四是技术水平较低；五是垃圾焚烧项目选址难；六是垃圾处理市场化、产业化进程缓慢。

7 垃圾处理遵循的原则是什么?

减量化、资源化、无害化。

8 垃圾的处置方式有哪些?

主要处置方式是垃圾填埋、垃圾焚烧和垃圾堆肥。

9 如何对垃圾进行填埋处置?

垃圾填埋一般采用堆积一层垃圾后再覆盖一层黄土的方式，这样可以减轻垃圾对环境的污染。

10 垃圾填埋有哪些优点和缺点?

垃圾填埋是过去最常用的垃圾处置办法，它的最大优点是处理费用低、方法简单，但容易造成地下水资源的二次污染、占用土地资源、甲烷气体排放不畅发生爆炸等问题。

11 如何利用垃圾进行焚烧发电?

垃圾焚烧已成为城市垃圾处理的主要方法之一，它的发电原理与燃煤发电基本相同，就是将垃圾送入垃圾焚烧炉，利用焚烧产生的热量得到蒸汽，蒸汽推动汽轮发电机组发电。

12 垃圾焚烧的优点有哪些?

一是垃圾焚烧处理后病原体被彻底消灭；二是经过焚烧，垃圾数量大大减少，可节约大量填埋用地；三是垃圾焚烧可以发电，还可回收金属等资源，能够对垃圾进行充分的资源化处理；四是焚烧操作可全天候进行，不受天气影响。

13 垃圾焚烧的弊端有哪些?

一是垃圾焚烧投资大，占用资金周期长；二是焚烧对垃圾的热值有一定要求；三是焚烧过程中产生的有毒物质必须投入大量资金才能进行有效处理。

14 如何利用垃圾进行堆肥?

垃圾堆肥主要用于对有机易腐垃圾的处理。在人工控制条件下，将生活垃圾中的有机质分解、腐熟，转换成稳定的类似腐殖质土。

15 垃圾堆肥有哪些优点和缺点?

优点：一是可以废物再利用，产生价值；二是高温堆肥处理后病原菌减少，有害虫卵被杀死；三是堆肥过程中产生的大量有益代谢产物有利于植物根系生长，作为有机肥施用安全性更好。

缺点：一是适用的垃圾范围较小，一般用于生活垃圾；二是堆肥处理后垃圾的有机质会降低，氮也会有一定的损失。

16 生活中常见的垃圾通过分类处理后，对保护自然环境可以起到哪些作用?

（1）每回收1枚纽扣电池，就能让600吨的水免于污染；每回收1节5号干电池，就能让1平方米的土壤免遭污染。

（2）回收1吨废纸能造出850千克再生纸，可以少砍伐20棵树龄为30年的大树。

（3）1吨易拉罐融化后能够炼成900千克铝锭，可以少采挖铝矿2吨。

垃圾减量和资源化

1 什么是垃圾减量?

垃圾减量的实质是提高垃圾的资源化利用率，减少垃圾的最终填埋量。垃圾处理的第一步就是垃圾减量，然后进行分类回收，最后才是处理。

我们每个人一天虽只制造1千克左右的垃圾，但是加起来，所产生的垃圾总量相当庞大。因此，我们应该树立更加科学、全面的垃圾管理理念，实现从源头到末端共同努力，真正推动垃圾减量，增进资源利用率和提升综合处理效率。

2 垃圾减量有哪些措施?

一是减少源头产生量，即从产品的设计和生产阶段就开始充分考虑，尽量减少废弃物的产生，比如杜绝过度包装。

二是减少中段清运量，即从垃圾产生伊始就将可以作为资源利用的废弃物尽量分流出来；三是减少末端处理量，即减少垃圾填埋量。

3 日常生活中我们能为垃圾减量做什么？

（1）减少使用一次性用品。随着社会的进步，人们越来越追求生活的便捷度，于是，使用一次性用品逐渐成为人们生活消费的一种习惯。虽然这类一次性用品为人们带来些许方便，但是却会对资源造成巨大浪费，并对环境造成永久损害。因此，我们应该尽量减少使用一次性用品。

（2）节约用纸。我们在日常生活中要节约用纸，例如，打印资料时采用双面打印的方式，多用再生纸制品等。

（3）减少塑料袋的使用。塑料袋是白色污染的罪魁祸首，它在自然界中上百年不能降解，如果焚烧，又会产生有毒气体，会污染环境、危害健康。外出购物时自带购物袋，重复使用已有的塑料袋等方式，都能够减少白色污染。

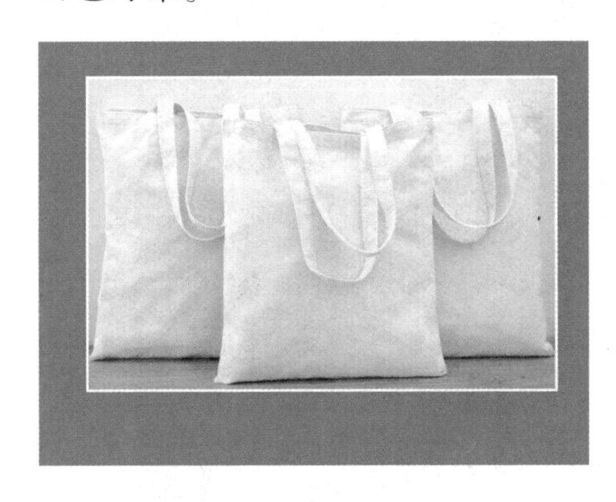

（4）礼物包装简单化。过度包装是对资源和金钱的双重浪费，如果想要选购礼物送给家人或好朋友，应尽量选择绿色包装的礼物，或者自己动手进行简单包装。

（5）减少厨余垃圾。据报道，我国每年在餐桌上浪费的粮食价值竟然高达2000亿元，被倒掉的食物相当于两亿多人一年的口粮。因此，节约粮食、减少浪费是我们每个人都应该关注的重要问题。

4 什么是垃圾的资源化？

将废弃的垃圾分类后，部分垃圾可以进行循环再利用，成为再生资源。垃圾资源化是未来城市垃圾处理的重要方向，尤其对中小城市或者县镇一级而言，采用垃圾资源化处理技术，是一个可行性更高的选择。

5 废纸怎么实现再生循环?

废纸一般都采取焚烧的方式处理，处理后不会留下明显危害环境的物质，所以很长时间以来没有引起人们的重视。实际上，废纸是可以循环再利用的，其过程主要有以下几步：

（1）分选归类：将不同纸质的废纸分类。

（2）打成纸浆：在碎浆机中将废纸处理成纸浆。

（3）除垢：在除垢机中将沉淀在纸浆底层的铁丝、砂等杂质除去。

（4）筛除：在筛网机中将更细小的杂质除去。

（5）浮选：用洗涤剂、化学药剂在浮选机中除去浮在纸浆上层的油墨。

（6）洗涤：在洗涤机中将纸浆洗干净。

6 废塑料怎么实现再生循环?

塑料难降解，因此，不断改进废旧塑料的再生利用技术，能够更好地降低塑料垃圾的产生量，减少废塑料对环境的污染和破坏。收集的废塑料送到再生工厂后，主要经过以下几步实现再生利用：

（1）分选：分选工作分为手工和机械两种，主要目的是将不同品种的塑料区分开，同时把混杂在塑料中的杂质去掉。

（2）清洗：塑料分选好后，用不同的方法清洗不同用途的制品。比如塑料薄膜，可以先用碱水洗去上面的油污，再用石灰水冲洗附着的有毒物质，最后再在清水中漂洗干净后晾干。

（3）造粒：把洗净的塑料放入粉碎机中粉碎，并根据不同的需要加入一些配料，调匀后做成塑料颗粒，最后通过不同的加工方法进行成型加工。

十一　国外垃圾分类举例

1 美国是怎样实施垃圾分类的?

垃圾分类已经深入到美国公民的日常生活中，政府为垃圾分类提供各种便利条件，除了在街道两旁设立分类垃圾桶外，每个社区会定期派专人清运各家分类出的垃圾。

由于居民家里的垃圾桶都比较大，所以如果社区规定每周五清早来车收垃圾，周四晚上大家会纷纷将垃圾桶推到路边，开口朝路中摆放好。美国的垃圾一周才回收一次，为了不让自家堆满垃圾，人们会尽量减少垃圾的产生。

美国还把垃圾防治与再生利用视为一项社会发展战略目标。目前，主要从资金投入、科技研发、设施建设等方面推进废物资源再循环进程。美国对可再生利用物质的回收主要采取设置路边回收桶、收集中心、回购中心以及有偿回收等方式。

2 英国是怎样实施垃圾分类的?

在英国，垃圾分类处理是通过立法来完成的，非常严格。如果不按规定处理垃圾，英国各地会动用警察来保障垃圾回收法规的实施。

在英国，垃圾分类箱是每个家庭处理垃圾必备的工具。这些工具的用途各不相同，例如有的用来存放不可回收的生活垃圾，有的用来存放花园垃圾，有的用来存放废玻璃、罐头瓶以及保鲜纸等废物，还有的专门用来盛各种用过的塑料袋等。因为分类很细，有的家庭竟有10个垃圾箱。

英国的垃圾分类在立法和规章的保障下，在公民的遵守和配合下，在先进技术和设备的支持下，无论是分流收集、回收再利用还是堆肥、填埋等处理技术，都有了质的飞跃。

3 日本是怎样实施垃圾分类的?

日本实行非常严格的垃圾分类制度，如果不严格执行垃圾分类制度，将面临巨额的罚款。日本垃圾分类的类别非常细，例如，一个香烟盒要拆分为三类垃圾：外包是塑料，盒子是纸，铝箔是金属。

在日本，垃圾回收的时间是固定的，错过了就要等下一次。日本政府会制作垃圾回收日历给居民，用不同的标志提醒居民在哪些日子可以扔哪些垃圾，以及各类垃圾的处理时间。

同时，日本有很好的环保习惯，比如吃饭后，先用废报纸（日本的油墨是大豆做的）擦干净碟子再拿去清洗，这样会减少洗涤剂的使用，并且不会让难分解的油污进入下水道。

4 德国是怎样实施垃圾分类的?

由于大力倡导“循环经济”理念，德国的垃圾回收利用率很高，垃圾处理产业在德国是一个朝阳产业。

在德国，未能回收利用的垃圾一般不进行填埋，而是直接焚烧用于发电。在处理垃圾的过程中产生的气体和固体化合物可以再利用。原材料价格的不断上涨让欧洲的废旧物品回收利用备受重视，德国通过使用废旧物做燃料、使用可回收物制造产品包装节省生产成本。

废旧电子产品的回收成本一般低于开采自然矿产的成本，因此，德国非常重视废旧电子产品的回收再利用。

附　录

常见垃圾分类列举

类别	实物列举
可回收物	废纸张：纸板箱、报纸、废弃书本、快递纸袋、打印纸、信封、广告单、纸塑铝复合包装…… 废塑料：食品与日用品塑料瓶罐及瓶盖（饮料瓶、奶瓶、洗发水瓶、乳液瓶等）、食用油桶、塑料碗（盆、盘）、塑料盒子（食品保鲜盒、收纳盒）、塑料玩具（塑料积木、塑料模型）、塑料衣架、施工安全帽、PE塑料、PVC、亚克力板、塑料卡片、密胺餐具、KT板、泡沫塑料…… 废玻璃：食品和日用品玻璃瓶罐（调料瓶、酒瓶、化妆瓶）、玻璃杯、窗玻璃、放大镜、玻璃摆件、碎玻璃…… 废金属：金属瓶罐（易拉罐、食品罐/桶）、金属厨具（菜刀、锅）、金属工具（刀片、指甲剪、螺丝刀）、金属制品（铁钉、铁皮、铝箔）…… 废织物：旧衣服、床单、枕头、棉被、皮鞋、毛绒玩具、布偶、棉袄、包、皮带、丝绸制品…… 其他：电路板（主板、内存条）、充电宝、电线、插头、木制品……
厨余垃圾	食材废料：谷物及其加工食品（米、米饭、面、面包、豆类）、肉蛋及其加工食品（鸡肉、鸭肉、猪肉、牛肉、羊肉、蛋、动物内脏、腊肉、午餐肉、蛋壳）、水产及其加工食品（鱼、鱼鳞、虾、虾壳、鱿鱼等）、蔬菜（绿叶菜、根茎蔬菜、菌菇）、调料、酱料…… 剩菜剩饭：火锅汤底（沥干后的固体废弃物）、鱼骨、碎骨、茶叶渣、咖啡渣…… 过期食品：糕饼、糖果、风干食品（肉干、红枣、中药材）、粉末类食品（冲泡饮料、面粉）、宠物饲料…… 瓜皮果核：水果果肉、水果果皮、水果茎枝（葡萄枝）、果实（西瓜子）…… 花卉植物：家养绿植、花卉、花瓣、枝叶…… 中药药渣 ……

续表

有害垃圾	废旧电池:充电电池、干电池、蓄电池、纽扣电池…… 废荧光灯管:荧光灯管、卤素灯…… 废药品及其包装物:过期药品、药物胶囊、药片、药品内包装…… 废油漆和溶剂及其包装物:废油漆桶、染发剂壳、过期指甲油、洗甲水…… 废含汞温度计、废含汞血压计:水银血压计、水银体温计、水银温度计…… 废杀虫剂及其包装:老鼠药、杀虫喷雾罐…… 废胶片及废相纸:X光片等感光胶片、相片底片…… 废矿物油及其包装物 ……
其他垃圾	餐巾纸、卫生间用纸、尿不湿、猫砂、狗尿垫、污损纸张、烟蒂、干燥剂 污损塑料、尼龙制品、编织袋、防碎气泡膜 大骨头、硬贝壳、硬果壳(椰子壳、榴莲壳、核桃壳、甘蔗皮)、硬果实(榴莲核、菠萝蜜核) 毛发、灰土、炉渣、橡皮泥、太空沙、带胶制品(胶水、胶带)、花盆、毛巾 一次性餐具、陶瓷制品、竹制品 成分复杂的制品(伞、眼镜、笔、打火机) ……

一般可回收物列举

品类	常见实物
废纸张	纸板箱、报纸、废弃书本、快递纸袋、打印纸、信封、广告单……
废塑料	食用油桶、塑料碗(盆、盘)、塑料盒子(食品保鲜盒、收纳盒)、塑料衣架、施工安全帽、PE 塑料、PVC、亚克力板、塑料卡片、密胺餐具、KT 板……
废玻璃	窗玻璃等平板玻璃……
废金属	金属瓶罐(易拉罐、食品罐/桶)、金属厨具(菜刀、锅)、金属工具(刀片、指甲剪、螺丝刀)、金属制品(铁钉、铁皮、铝箔)……
废织物	棉被、包、皮带、丝绸制品……
复合材料及其他	电路板(主板、内存条)、充电宝、电线、插头、手机、电话、电饭煲、U 盘、遥控器、照相机……

不宜列入可回收物的垃圾

品类	常见实物
纸类	污损纸张、餐巾纸、卫生间用纸、湿巾、一次性纸杯、厨房纸……
塑料类	污损的塑料袋、一次性手套、沾有油污的一次性塑料饭盒……
玻璃类	玻璃钢制品……
金属类	缝衣针(零星)、回形针(零星)……
织物类	内衣、丝袜……
复合材料类	镜子、笔、眼镜、打火机、橡皮泥……
其他	陶瓷制品(碎陶瓷碗、盆)、竹制品(竹篮、竹筷、牙签)、一次性筷子、隐形眼镜、棉签……

声 明